DAS TIERREICH

Eine Zusammenstellung und Kennzeichnung der rezenten Tierformen

Herausgeber

Robert Mertens (Wirbeltiere) **Willi Hennig** (Wirbellose)

Schriftleiter

Heinz Wermuth

Unter Mitarbeit zahlreicher Spezialisten

„Πάντα ῥεῖ“ „Sine systemate chaos“

Lieferung 79

Liste der rezenten Amphibien und Reptilien

Helodermatidae, Varanidae, Lanthanotidae

Bearbeitet von

Prof. Dr. Robert Mertens · Frankfurt am Main

Walter de Gruyter & Co.

vormals G. J. Göschen'sche Verlagshandlung / J. Guttentag, Verlagsbuchhandlung / Georg Reimer / Karl J. Trübner / Veit & Comp.

Berlin 1963

Das Tierreich	Berlin	Lieferung 79	Seite I-X, 1–26	März 1963

Satz und Druck: Walter de Gruyter & Co., Berlin

Die Liste der rezenten Amphibien und Reptilien *ist*

HERRN PROF. DR. ROBERT MERTENS,

Direktor emeritus des Natur-Museums und

Forschungs-Institutes Senckenberg zu Frankfurt am Main,

als Dank der Fachkollegen für seine überragenden

Verdienste um die Herpetologie gewidmet.

Als Beitrag zur **Liste der rezenten Amphibien und Reptilien** ist bisher erschienen:

Amphibia: Gymnophiona (GORHAM, Ottawa: Lieferung 78, 1962).

Als weitere Beiträge erscheinen demnächst:

Amphibia: Caudata (BRAME, Los Angeles, & FREYTAG, Berlin). — Salientia: Hylidae (DUELLMAN, Lawrence); Rhacophoridae, Ranidae (LAURENT, Cambridge/Mass., & POYNTON, Pietermaritzburg).

Reptilia: Sauria: Gekkonidae, Pygopodidae, Xantusiidae (WERMUTH, Ludwigsburg); Chamaeleonidae (MERTENS, Frankfurt a. M.); Agamidae (WERMUTH, Ludwigsburg); Iguanidae (HELLMICH, München); Lacertidae (KLEMMER, Frankfurt a.M., & G. PETERS, Berlin); Amphisbaenidae (GANS, Buffalo); Anguidae, Anniellidae, Xenosauridae (WERMUTH, Ludwigsburg). — Serpentes: Typhlopidae, Leptotyphlopidae (WERMUTH, Ludwigsburg); Boidae (HUNT, London); Aniliidae, Uropeltidae, Xenopeltidae, Acrochordidae (MŁYNARSKI, Krakow); Colubridae *Dasypeltinae* (GANS, Buffalo); Colubridae *Dipsadinae* (J. A. PETERS, Northridge); Elapidae, Hydrophiidae (KLEMMER, Frankfurt a. M.); Viperidae, Crotalidae (HOGE, São Paulo).

Liste der rezenten Amphibien und Reptilien

Helodermatidae, Varanidae, Lanthanotidae

bearbeitet von

Prof. Dr. Robert Mertens

Vorwort

Die Eidechsenfamilien der Helodermatiden, Varaniden und Lanthanotiden, deren rezente Vertreter in der vorliegenden Arbeit mit ihren gültigen Namen, Synonyma und kurzen Verbreitungsangaben angeführt werden, stellen die artenarme Überfamilie der Varanoidea dar. Ihre größte Mannigfaltigkeit, die aber auch nicht mehr als 30 Arten mit insgesamt 57 systematisch unterscheidbaren Formen erreicht, zeigen die Warane (Varanidae), die vom Verfasser bereits vor zwei Jahrzehnten monographisch bearbeitet worden sind. Von dieser Arbeit (1942), in der 24 Arten mit insgesamt 45 Formen unterschieden wurden, ist leider der größte Teil der Auflage des dritten, taxionomischen Teiles während des Krieges einem Bombenangriff zum Opfer gefallen und daher heute nur in wenigen Bibliotheken vorhanden. Vielleicht wird schon aus diesem Grunde vielen Fachgenossen eine neue „Liste“ nicht unwillkommen sein, zumal da sie überdies den Fortschritt veranschaulicht, den die Varaniden-Systematik in den letzten 20 Jahren zu verzeichnen hat.

Wie in der erwähnten Monographie, so werden auch in der vorliegenden „Liste“ alle rezenten Varaniden zu einer einzigen Gattung *Varanus* gestellt und jetzt auf 10 (früher auf 8) Untergattungen verteilt. Vom Standpunkte der neuzeitlichen Systematik, namentlich der jenseits des Ozeans, erschiene es nicht als verwerflich, diese 10 Untergattungen in den Rang von Gattungen zu versetzen. Wenn davon auch jetzt wieder Abstand genommen wird, so geschieht das aus folgenden 3 Gründen:

1. Eine Aufsplitterung einer verwandtschaftlichen Gruppe in eine Vielzahl von kleineren Gattungen pflegt dem Nichtspezialisten, vor allem dem Tiergeographen, den Überblick ungemein zu erschweren. Trotzdem kann darauf bei Gattungen mit einer verwirrenden Artenfülle und ausgeprägten Merkmalen keine Rücksicht genommen werden. Aber bei den wenigen Waranarten erscheint dieses Verfahren kaum gerechtfertigt. Würde man z. B. die Warane Afrikas unter den Gattungsnamen *Polydaedalus*, *Empagusia* und *Psammosaurus* anführen, die Arten Australiens aber unter *Varanus* und *Odatria*, so würde hier nur der Spezialist tiergeographische Beziehungen erkennen.

2. Die 10 auf Grund der Körperform, der Form und Lage der Nasenlöcher, der Beschuppung und vor allem des Schädels unterschiedenen Untergattungen sind sehr ungleichwertig. Manche sind sehr gut gekennzeichnet und z. B. auf Grund des Schädels scharf unterschieden (z. B. *Dendrovaranus* und *Tectovaranus*), andere weichen voneinander craniologisch nur sehr wenig ab (z. B. *Polydaedalus* und *Empagusia*). Auch auf Grund von eidonomischen Merkmalen gibt es Übergangsformen, welche die Abgrenzung von Untergattungen erschweren (z. B. *Varanus* und *Odatria*).

3. Von den 10 Untergattungen sind nur zwei artenreich (*Varanus* mit 10, *Odatria* mit 11 Arten), eine (*Empagusia*) enthält nur zwei Arten, die übrigen 7 sind monotypisch. Da aber bekanntlich der Gattungsbegriff gemeinsame, der Artbegriff dagegen trennende Merkmale zur Grundlage hat, bedeuten zu viele monotypische Gattungen einen Rückschritt im wissenschaftlichen Namen-

system: dadurch wird der Gattungsnamen zu einer bloßen Vorsilbe des Artnamens entwertet. Man gibt also „trotz dem Gebrauch zweier (nunmehr unnötiger!) Namen die Errungenschaften von LINNAEUS' binärer Nomenklatur unbewußt wieder auf und sinkt sogar noch unter den Zustand von 1758 zurück. Man verzichtet auf die Erfassung der morphologischen Hierarchie und damit der Phylogenie" (R. RICHTER, Einführung in die Zoologische Nomenklatur, 2. Aufl., 1948).

Daraus ergibt sich, daß es empfehlenswert erscheint, die rezenten Varaniden nur einer einzigen Gattung *Varanus* zuzuteilen. Diese gliedert sich in folgende 10 Untergattungen:

Dendrovaranus MERTENS 1942 (Species: *rudicollis*)
Empagusia GRAY 1838 (Species: *exanthematicus, flavescens*)
Indovaranus MERTENS 1942 (Species: *bengalensis*)
Odatria GRAY 1838 (Species: *acanthurus, brevicauda, caudolineatus, eremius, gilleni, glauerti, glebopalma, prasinus, semiremex, timorensis, tristis*)
Papusaurus MERTENS 1962 (Species: *salvadorii*)
Philippinosaurus MERTENS 1959 (Species: *grayi*)
Polydaedalus WAGLER 1830 (Species: *niloticus*)
Psammosaurus FITZINGER 1826 (Species: *griseus*)
Tectovaranus MERTENS 1942 (Species: *dumerilii*)
Varanus MERREM 1820 (Species: *giganteus, gouldii, indicus, karlschmidti, komodoensis, mertensi, mitchelli, salvator, spenceri, varius*).

Literatur

BOGERT, CH. M. & R. M. DEL CAMPO (1956): The Gila Monster and its allies. The relationships, habits and behavior of the lizards of the family Helodermatidae. — Bull. amer. Mus. nat. Hist., New York, **109**: 1—238, Taf. 1—20, 35 Abb., 2 Kart.

MC DOWELL, S. B. & CH. M. BOGERT (1954): The systematic position of *Lanthanotus* and the affinities of the Anguinomorphan lizards. — Bull. amer. Mus. nat. Hist., New York, **105**: 1—142, Taf. 1—16, 43 Abb., 3 Tab.

MERTENS, R. (1942): Die Familie der Warane (Varanidae). — Abh. senckenb. naturf. Ges., Frankfurt a. M., **462**, **465**, **466**. 391 S., 34 Taf., 12 Abb.

— (1958): Bemerkungen über die Warane Australiens. — Senckenb. biol., Frankfurt a. M., **39**: 229—264, Taf. 24—31.

— (1959): Liste der Warane Asiens und der Indo-australischen Inselwelt mit systematischen Bemerkungen. — Senckenb. biol., Frankfurt a. M., **40**: 221—240, Taf. 25—29.

WERMUTH, H. (1958): Reptilia. Helodermatidae. — Das Tierreich, Berlin, **72**, 16 S., 9 Abb.

Systematischer Index

Klasse Reptilien

Ordnung Sauria

Familie Helodermatidae

1834 *Trachydermi* WIEGMANN, Herpetol. mexic., 1: 23. — Genus typicum: *Trachyderma* WIEGMANN 1829 = *Heloderma* WIEGMANN 1829.
1837 *Helodermidae* GRAY, Proc. zool. Soc. London, **1837**: 132. — Genus typicum: *Heloderma* WIEGMANN 1829.
1884 *Helodermatidae* BOULENGER, Ann. Mag. nat. Hist., London, (5) **14**: 120.—Genus typicum: *Heloderma* WIEGMANN 1829.

Heloderma WIEGMANN

1829 *Trachyderma* WIEGMANN (non *Trachyderma* GRAVENHORST 1829/Hymenoptera, non *Trachyderma* LATREILLE 1829/Coleoptera), Isis (OKEN), Leipzig, **22**: 421. — Species typica (durch Monotypie): *Trachyderma horridum* WIEGMANN 1829.
1829 *Heloderma* WIEGMANN (nomen novum pro *Trachyderma* WIEGMANN 1829), Isis (OKEN), Leipzig, **22**: 624, 627.

Heloderma horridum (WIEGMANN)

1829 *Trachyderma horridum* WIEGMANN, Isis (OKEN), Leipzig, **22**: 421. — Terra typica: Mexico. — Terra typica restricta (BOGERT & DEL CAMPO 1956: 21): Cuernavaca, Staat Morelos, Mexico.
1834 *Heloderma hernandesii* WIEGMANN, Herpetol. mexic., 1: 25. — Terra typica: Mexico.
1829 *Heloderma horridum* — WIEGMANN, Isis (OKEN), Leipzig, **22**: 624.
1958 *Heloderma horridum* — WERMUTH, Das Tierreich, Berlin, **72**: 12, Abb. 1, 2, 5b.

Verbreitung: Pazifische Staaten von Mexico.

Heloderma horridum horridum (WIEGMANN)

1956 *Heloderma horridum horridum* — BOGERT & DEL CAMPO, Bull. amer. Mus. nat. Hist., New York, **109**: 20; Taf. 1, 2, 5—7; Taf. 13, Fig. 4; Taf. 18; Abb. 3, 4.
1958 *Heloderma horridum horridum* — WERMUTH, Das Tierreich, Berlin, **72**: 13, Abb. 9.

Verbreitung: Westliches und südliches Mexico (von S-Sinaloa bis O-Oaxaca südostwärts).

Heloderma horridum alvarezi BOGERT & DEL CAMPO

1956 *Heloderma horridum alvarezi* BOGERT & DEL CAMPO, Bull. amer. Mus. nat. Hist., New York, **109**: 32; Taf. 3; Taf. 4, Fig. 1, 2; Taf. 8, Fig. 2; Taf. 13, Fig. 5; Abb. 7, 11. — Terra typica: Tuxtla Gutiérrez, Staat Chiapas, Mexico.
1958 *Heloderma horridum alvarezi* — WERMUTH, Das Tierreich, Berlin, **72**: 13, Abb. 6b, 7b.

Verbreitung: Südlichstes Mexico (Staat Chiapas), Guatemala ?

Heloderma horridum exasperatum BOGERT & DEL CAMPO

1956 *Heloderma horridum exasperatum* BOGERT & DEL CAMPO, Bull. amer. Mus. nat. Hist., New York, **109**: 28; Taf. 13, Fig. 3; Abb. 8, 10. — Terra typica: Stadt Guirocoba am Fuß der Sierra Madre Occidental, Staat Sonora, Mexico.
1958 *Heloderma horridum exasperatum* — WERMUTH, Das Tierreich, Berlin, **72**: 14, Abb. 7a.

Verbreitung: Westliches Mexico (S-Sonora und N-Sinaloa).

Heloderma suspectum COPE

1869 *Heloderma suspectum* COPE, Proc. Acad. nat. Sci. Philadelphia, **21**: 5. — Terra typica: Sierra de la Union. — Terra typica restricta (BOGERT & DEL CAMPO 1956: 36): Sierra de Moreno an der Grenze zwischen USA und Mexico.
1958 *Heloderma suspectum* — WERMUTH, Das Tierreich, Berlin, **72**: 11, Abb. 3, 5a.

Verbreitung: Von S-Nevada und SW-Utah (südwestliche USA) bis Sonora (nordwestliches Mexico).

Heloderma suspectum suspectum COPE

1956 *Heloderma suspectum suspectum* — BOGERT & DEL CAMPO, Bull. amer. Mus. nat. Hist., New York, **109**: 35; Taf. 9, 10, 12, 13, 15—17; Taf. 19, Fig. 1, 2; Abb. 2, 5, 9.
1958 *Heloderma suspectum suspectum* — WERMUTH, Das Tierreich, Berlin, **72**: 11; Abb. 8.

Verbreitung: Südwestliche USA (Arizona und New Mexico) sowie nordwestliches Mexico (Sonora).

Heloderma suspectum cinctum BOGERT & DEL CAMPO

1956 *Heloderma suspectum cinctum* BOGERT & DEL CAMPO, Bull. amer. Mus. nat. Hist., New York, **109**: 46; Taf. 11, Taf. 12, Fig. 1; Taf. 13, Fig. 1; Abb. 7. — Terra typica: Las Vegas, Clark Co., Nevada, USA.
1958 *Heloderma suspectum cinctum* — WERMUTH, Das Tierreich, Berlin, **72**: 12, Abb. 6a.

Verbreitung: Südwestliche USA (SO-Nevada, SW-Utah, W-Arizona).

Familie Varanidae

1827 *Varanidae* HARDWICKE & GRAY, Zool. J., London, **3**: 225. — Genus typicum: *Varanus* MERREM 1820.
1827 *Uaranidae* GRAY, Philos. Mag., London, **2**: 54. — Genus typicum: *Uaranus* GRAY 1827 = *Varanus* MERREM 1820.
1834 *Monitores* WIEGMANN, Herpetol. mexic., **1**: 7. — Genus typicum: *Monitor* LICHTENSTEIN 1818 = *Varanus* MERREM 1820.
1838 *Monitoridae* GRAY, Ann. nat. Hist., London, **1**: 392. — Genus typicum: *Monitor* LICHTENSTEIN 1818 = *Varanus* MERREM 1820.

Varanus MERREM

1815 *Varanus* RAFINESQUE (nomen nudum), Analyse de la Nature: 75.
1818 *Monitor* LICHTENSTEIN (non *Monitor* BLAINVILLE 1816/Teiidae), Zool. Mus. Univ. Berlin, (2): 66. — Species typica (durch Tautonymie): *Monitor niloticus*

(LINNAEUS 1766) = *Lacerta monitor* LINNAEUS 1758, partim = *Varanus n. niloticus* (LINNAEUS 1766).

1820 *Varanus* MERREM, Tent. syst. Amphib.: 58.—Species typica (GRAY 1827: 55): *Varanus varius* (SHAW 1790).

1826 *Psammosaurus* FITZINGER, Neue Classif. Rept.: 21, 50. — Species typica (durch Monotypie): *Psammosaurus griseus* (DAUDIN 1803) = *Varanus g. griseus* (DAUDIN 1803).

1827 *Uaranus* GRAY (sub *Uaranus* MERREM), Philos. Mag., London, (n. S.) **2**: 55 (ungerechtfertigte Emendation).

1827 *Dracaena* GRAY (sub *Dracaena* MERREM; non *Dracaena* DAUDIN 1802/Teiidae), Philos. Mag., London, (n. S.) **2**: 55. — Species typica (durch Monotypie): *Lacerta dracaena* LINNAEUS 1766 = *Varanus bengalensis* (DAUDIN 1802).

1830 *Hydrosaurus* WAGLER (non *Hydrosaurus* KAUP 1828/Agamidae), Natürl. Syst. Amphib.: 132, 164. — Species typica (FITZINGER 1843: 19): *Tupinambis bivittatus* KUHL 1820 = *Varanus salvator bivittatus* (KUHL 1820).

1830 *Polydaedalus* WAGLER, Natürl. Syst. Amphib.: 132, 164. — Species typica (FITZINGER 1843: 19): *Lacerta capensis* SPARRMANN 1783 = *Varanus n. niloticus* (LINNAEUS 1766).

1838 *Empagusia* GRAY, Ann. nat. Hist., London, **1**: 393. — Species typica (M. SMITH 1935: 398): *Empagusia flavescens* (HARDWICKE & GRAY 1827) = *Varanus flavescens* (HARDWICKE & GRAY 1827).

1838 *Odatria* GRAY, Ann. nat. Hist., London, **1**: 394. — Species typica (durch Monotypie): *Odatria punctata* GRAY 1838 = *Varanus tristis tristis* (SCHLEGEL 1839).

1843 *Cylindrurus* FITZINGER, Syst. Rept., **1**: 19. — Species typica (durch ursprüngliche Festlegung): *Odatria punctata* GRAY 1838 = *Varanus tristis tristis* (SCHLEGEL 1839).

1843 *Pantherosaurus* FITZINGER, Syst. Rept., **1**: 19. — Species typica (durch ursprüngliche Festlegung): *Hydrosaurus gouldii* GRAY 1838 = *Varanus gouldii gouldii* (GRAY 1838).

1843 *Agalmatosaurus* FITZINGER, Syst. Rept., **1**: 19. — Species typica (durch ursprüngliche Festlegung): *Varanus timoriensis* DUMÉRIL & BIBRON 1836 = *Varanus timorensis* (GRAY 1831).

1843 *Euprepiosaurus* FITZINGER, Syst. Rept., **1**: 19. — Species typica (durch ursprüngliche Festlegung): *Varanus chlorostigma* DUMÉRIL & BIBRON 1836 = *Varanus i. indicus* (DAUDIN 1802).

1843 *Pachysaurus* FITZINGER, Syst. Rept., **1**: 20. — Species typica (durch ursprüngliche Festlegung): *Polydaedalus albigularis* WAGLER 1830 = *Varanus exanthematicus albigularis* (DAUDIN 1802).

1843 *Rhinoptyon* FITZINGER, Syst. Rept., **1**: 20. — Species typica (durch ursprüngliche Festlegung): *Varanus ocellatus* HEYDEN 1830 (sub *Varanus ocellatus* RÜPPELL) = *Varanus e. exanthematicus* (BOSCA 1792).

1843 *Psammoscopus* FITZINGER, Syst. Rept., **1**: 20. — Species typica (durch ursprüngliche Festlegung): *Varanus picquotii* DUMÉRIL & BIBRON 1836 = *Varanus flavescens* (HARDWICKE & GRAY 1827).

1845 *Regenia* GRAY, Cat. Liz. brit. Mus.: 8. — Species typica (M. SMITH 1935: 398): *Regenia albogularis* (DAUDIN 1802) = *Varanus exanthematicus albigularis* (DAUDIN 1802).

1927 *Placovaranus* FEJÉRVÁRY, Természettudomanyi Közlöny, Budapest, **59**: 284. — Species typica (durch ursprüngliche Festlegung): *Placovaranus komodoensis* (OUWENS 1912) = *Varanus komodoensis* OUWENS 1912.

1942 *Indovaranus* MERTENS, Abh. senckenb. naturf. Ges., Frankfurt a. M., **462**: 16; **466**: 240. — Species typica (durch ursprüngliche Festlegung): *Tupinambis bengalensis* DAUDIN 1802 = *Varanus b. bengalensis* (DAUDIN 1802).

1942 *Dendrovaranus* MERTENS, Abh. senckenb. naturf. Ges., Frankfurt a. M., **462**: 16.— **466**: 241. — Species typica (durch ursprüngliche Festlegung): *Uaranus rudicollis* GRAY 1845 = *Varanus rudicollis* (GRAY 1845).

1942 *Tectovaranus* MERTENS, Abh. senckenb. naturf. Ges., Frankfurt a. M., **462**: 16. — **466**: 242. — Species typica (durch ursprüngliche Festlegung): *Monitor dumerilii* SCHLEGEL 1879 = *Varanus d. dumerilii* (SCHLEGEL 1839).

1959 *Philippinosaurus* MERTENS, Senckenb. biol., Frankfurt a. M., **40**: 228. — Species typica (durch ursprüngliche Festlegung): *Varanus grayi* BOULENGER 1885.

1962 *Papusaurus* MERTENS, Senckenb. biol., Frankfurt a. M., **43**: 331. — Species typica (durch ursprüngliche Festlegung): *Monitor salvadorii* PETERS & DORIA 1878 = *Varanus salvadorii* (PETERS & DORIA 1878).

Varanus acanthurus BOULENGER

Subgenus *Odatria*

1845 *Odatria ocellata* GRAY (non *Varanus ocellatus* HEYDEN 1830 = *Varanus e. exanthematicus*), Cat. Liz. brit. Mus.: 8. — Terra typica: Nordwestküste Australiens.

1885 *Varanus acanthurus* BOULENGER (nomen novum pro *Odatria ocellata* GRAY 1845), Cat. Liz. brit. Mus., **2**: 324.

1942 *Varanus* (*Odatria*) *acanthurus* — MERTENS, Abh. senckenb. naturf. Ges., Frankfurt a. M., **466**: 307.

Verbreitung: Nord-, West- und Zentral-Australien.

Varanus acanthurus acanthurus BOULENGER

1942 *Varanus* (*Odatria*) *acanthurus acanthurus* — MERTENS, Abh. senckenb. naturf. Ges., Frankfurt a. M., **466**: 311; Taf. 4, Fig. 15.

Verbreitung: Nord- und Nordwest-Australien (nördlich von Broome).

Varanus acanthurus brachyurus STERNFELD

1919 *Varanus acanthurus brachyurus* STERNFELD, Senckenbergiana, Frankfurt a. M., **1**: 78. — Terra typica: Hermannsburg, Finke River, Zentral-Australien.

1942 *Varanus* (*Odatria*) *acanthurus brachyurus* — MERTENS, Abh. senckenb. naturf. Ges., Frankfurt a. M., **465**: 172. — **466**: 309; Taf. 9, Fig. 39; Taf. 13, Fig. 59; Taf. 14, Fig. 74; Taf. 16, Fig. 112; Taf. 22, Fig. 155; Taf. 25, Fig. 189; Taf. 29, Fig. 227; Taf. 34, Fig. 282.

Verbreitung: Von West-Australien (Broome und Gebiet südlich davon, Montebello-Inseln) über Zentral-Australien bis Queensland.

Varanus acanthurus insulanicus MERTENS

1958 *Varanus* (*Odatria*) *acanthurus insulanicus* MERTENS, Senckenb. biol. Frankfurt a. M., **39**: 233. — Terra typica: Groote Eylandt, Carpentaria Golf, Northern Territory, Australien.

Verbreitung: Groote Eylandt im Carpentaria Golf an der Nordküste Australiens.

Varanus acanthurus primordius MERTENS

1942 *Varanus acanthurus primordius* MERTENS, Zool. Anz., Leipzig, **138**: 41, Abb. 1. — Terra typica: „Nord-Australien".

1942 *Varanus* (*Odatria*) *acanthurus primordius* — MERTENS, Abh. senckenb. naturf. Ges., Frankfurt a. M., **466**: 307; Taf. 9, Fig. 40; Taf. 14, Fig. 75.

Verbreitung: Queensland ?

Varanus bengalensis (DAUDIN)

Subgenus *Indovaranus*

1758 *Lacerta monitor* LINNAEUS, partim (Opinion 540, ICZN: nomen rejectum), Syst. Nat., Ed. 10, **1**: 201.

1766 *Lacerta dracaena* LINNAEUS (Opinion 540, ICZN: nomen rejectum), Syst. Nat., Ed. 12, 1 1: 360. — „America".
1768 *Stellio salvaquardia* LAURENTI (OPINION 540, ICZN: nomen rejectum), Synops. Rept.: 57. — „In Indiis".
1802 *Tupinambis bengalensis* DAUDIN, Hist. nat. Rept., 3: 67. — Terra typica: Bengalen.
1836 *Varanus bengalensis* — DUMÉRIL & BIBRON, Erpétol. gén., 3: 480.
1942 *Varanus* (*Indovaranus*) *bengalensis* — MERTENS, Abh. senckenb. naturf. Ges., Frankfurt a. M., **466**: 331.

Verbreitung: Von Südost-Persien und Afghanistan über West-Pakistan und Indien mit Ceylon bis Siam, Vietnam, Malaya und Java.

Varanus bengalensis bengalensis (DAUDIN)

1802 *Tupinambis elegans* DAUDIN, partim, Hist. nat. Rept., 3: 36. — Terra typica: „Surinam".
1802 *Tupinambis cepedianus* DAUDIN, Hist. nat. Rept., 3: 43, Taf. 29. — Terra typica: unbekannt.
1802 *Lacerta argus* DAUDIN, partim, Hist. nat. Rept., 3: 117. — Terra typica: „Surinam".
1820 *Varanus punctatus* MERREM, Tent. Syst. Amphib.: 59.—Terra typica: Bengalen.
1820 *Varanus taraguira* MERREM, partim, Tent. Syst. Amphib.: 59. — Terra typica: „In America meridionali".
1829 *Monitor gemmatus* GUÉRIN-MÉNEVILLE, Iconogr. Règne anim., 1 Rept.: Taf. 3, Fig. 1, 1a, 1b. — 1838, 3 Rept.: 7, 24. — Terra typica: „Indes Orientales".
1830 *Tupinambis cepedeanus* WAGLER (Emendation), Natürl. Syst. Amphib.: 164.
1831 *Monitor heraldicus* GRAY in GRIFFITH, Anim. Kingd., 9 Synops.: 27. — Terra typica: Bengalen.
1839 *Monitor inornatus* SCHLEGEL, Abb. Amphib.: 72. — Terra typica: „Neu-Holland".
1842 *Varanus bibronii* BLYTH, J. asiat. Soc. Bengal, Calcutta, **11**: 869. — Terra typica: unbekannt.
1845 *Uaranus lunatus* GRAY, Cat. Liz. brit. Mus.: 10. — Terra typica: Indien.
1856 *Varanus olivaceus* HALLOWELL, Proc. Acad. nat. Sci. Philadelphia, 8: 150. — Terra typica: „Manilla".
1942 *Varanus* (*Indovaranus*) *bengalensis bengalensis* — MERTENS, Abh. senckenb. naturf. Ges., Frankfurt a. M., **465**: 184. — **466**: 334; Taf. 3, Fig. 9, 10; Taf. 11, Fig. 49; Taf. 13, Fig. 64, 67, Taf. 22, Fig. 160, 161; Taf. 25, Fig. 194—196; Taf. 29, Fig. 232—234; Taf. 32, Fig. 258—259; Taf. 34, Fig. 285—287.

Verbreitung: Von Südost-Persien und Afghanistan über West-Pakistan und Indien bis Assam und Burma (hier südlich bis Tharawaddy und bis zum Henzada-Distrikt). Im Norden bis Nepal, Bigrani (W-Himalaya) und Darjeeling (O-Himalaya).

Varanus bengalensis nebulosus (GRAY)

1831 *Monitor nebulosus* GRAY in GRIFFITH, Anim. Kingd., 9 Synops.: 27. — Terra typica: Java.
1836 *Varanus nebulosus* — DUMÉRIL & BIBRON, Erpétol. gén., 3: 483; Taf. 33, Fig. 2, 3.
1839 *Monitor nebulatus* SCHLEGEL (ex errore), Abb. Amphib.: 75.
1942 *Varanus* (*Indovaranus*) *bengalensis nebulosus* — MERTENS, Abh. senckenb. naturf. Ges., Frankfurt a. M., **465**: 184. — **466**: 332; Taf. 11, Fig. 50; Taf. 22, Fig. 159; Taf. 25, Fig. 193; Taf. 29, Fig. 231.

Verbreitung: Süd-Burma (nördlich bis Yé), Siam (nördlich bis zum Pre-Distrikt), Süd-Vietnam, Malayische Halbinsel, Java (nicht aber Sumatra).

Varanus brevicauda Boulenger

Subgenus *Odatria*

1898 *Varanus brevicauda* Boulenger, Proc. zool. Soc. London, **1898**: 916, 920; Taf. 56, Fig. 2, 2a. — Terra typica: Sherlock River, Nicol Bay, W. Australien.

1942 *Varanus (Odatria) brevicauda* — Mertens, Abh. senckenb. naturf. Ges., Frankfurt a. M., **466**: 317; Taf. 4, Fig. 14.

Verbreitung: West-Australien (außer der Terra typica noch Wallal am Südende des Ninetymile Beach, de Grey Station und Carnarvon District).

Varanus caudolineatus Boulenger

Subgenus *Odatria*

1885 *Varanus caudolineatus* Boulenger, Cat. Liz. brit. Mus., **2**: 324, Taf. 18. — Terra typica: Champion-Bai [bei Geraldton, nördlich Perth], W. Australien.

1901 *Varanus laudolineatus* Lucas (ex errore), Rep. australas. Ass. 1900: 259.

1942 *Varanus (Odatria) caudolineatus* — Mertens, Abh. senckenb. naturf. Ges., Frankfurt a. M., **465**: 176. — **466**: 315; Taf. 9, Fig. 43; Taf. 14, Fig. 82; Taf. 18, Fig. 119; Taf. 22, Fig. 158; Taf. 25, Fig. 192; Taf. 29, Fig. 230; Taf. 33, Fig. 266; Taf. 34, Fig. 284.

Verbreitung: Westliches Australien mit Ausnahme des äußersten Nordwestens und Südwestens.

Varanus dumerilii (Schlegel)

Subgenus *Tectovaranus*

1839 *Monitor dumerilii* Schlegel, Abb. Amphib.: 78. — Terra typica: Banjermasin, Südost-Borneo.

1858 *Varanus dumerilii* — Bleeker, Nat. Tijdschr. Nederl. Ind., Batavia u. Den Haag, **16**: 188.

1942 *Varanus (Tectovaranus) dumerilii* — Mertens, Abh. senckenb. naturf. Ges., Frankfurt a. M., **466**: 363.

Verbreitung: Halbinsel Malakka, Sumatra und Borneo sowie benachbarte Inseln und Inselgruppen.

Varanus dumerilii dumerilii (Schlegel)

1881 *Varanus macrolepis* Blanford, J. asiat. Soc. Bengal, Calcutta, **50** 2: 239, Taf. 16. — Terra typica: Tenasserim, wahrscheinlich Umgebung von Tavoy.

1942 *Varanus (Tectovaranus) dumerilii dumerilii* — Mertens, Abh. senckenb. naturf. Ges., Frankfurt a. M., **465**: 197. — **466**: 364; Taf. 11, Fig. 53; Taf. 17, Fig. 117; Taf. 22, Fig. 150, 151; Taf. 27, Fig. 211; Taf. 31, Fig. 248, 249; Taf. 32, Fig. 264; Taf. 34, Fig. 292.

Verbreitung: Von der Halbinsel Malakka mit benachbarten Inseln bis Sumatra und S-Borneo; Mergui-Archipel, Rhio-Archipel, Batu-Inseln, Banka, Billiton.

Varanus dumerilii heteropholis Boulenger

1892 *Varanus heteropholis* Boulenger, Proc. zool. Soc. London, **1892**: 506, Taf. 29. — Terra typica: Mt. Dulit, oberer Baram-Fluß, Sarawak, Nordwest-Borneo.

1912 *Varanus heterolepis* BARBOUR (ex errore), Mem. Mus. comp. Zool., Cambridge (Mass.), **44**: 183.
1942 *Varanus (Tectovaranus) dumerilii heteropholis* — MERTENS, Abh. senckenb. naturf. Ges., Frankfurt a. M., **466**: 366; Taf. 13, Fig. 66; Taf. 16, Fig. 102, 108, 109.

Verbreitung: NW- und N-Borneo.

Varanus eremius LUCAS & FROST

Subgenus *Odatria*

1895 *Varanus eremius* LUCAS & FROST, Proc. Soc. Victoria, Melbourne, **7**: 267. — Terra typica: „Central Australia" = Idracowra, Nord-Territorium, Australien.
1942 *Varanus (Odatria) eremius* — MERTENS, Abh. senckenb. naturf. Ges., Frankfurt a. M., **465**: 173. — **466**: 312; Taf. 9, Fig. 41; Taf. 14, Fig. 80; Taf. 22, Fig. 156; Taf. 25, Fig. 190; Taf. 29, Fig. 228.

Verbreitung: West- und Zentral-Australien, im Süden die Nordgrenze von South Australia überschreitend.

Varanus exanthematicus (BOSC)

Subgenus *Empagusia*

1792 *Lacerta exanthematica* BOSC, Act. Soc. Hist. nat. Paris, **1**: 25; Taf. 5, Fig. 3. — Terra typica: „ad fluvium Senegal".
1820 *Varanus exanthematicus* — MERREM, Tent. Syst. Amphib.: 60.
1942 *Varanus (Empagusia) exanthematicus* — MERTENS, Abh. senckenb. naturf. Ges., Frankfurt a. M., **466**: 349.

Verbreitung: Ganz Afrika südlich der Sahara, aber mit Ausnahme des westafrikanischen Waldgebietes.

Varanus exanthematicus exanthematicus (BOSC)

1830 *Varanus ocellatus* HEYDEN in RÜPPELL, Atlas Reise nördl. Afr., Rept.: 21, Taf. 6. — Terra typica: Kordofan.
1919 *Varanus exanthematicus exanthematicus* — K. P. SCHMIDT, Bull. amer. Mus. nat. Hist., New York, **39**: 480; Taf. 19, Abb. 8, Karte 12.
1942 *Varanus (Empagusia) exanthematicus exanthematicus* — MERTENS, Abh. senckenb. naturf. Ges., Frankfurt a. M., **465**: 189. — **466**: 352; Taf. 15, Fig. 92; Taf. 17, Fig. 115; Taf. 23, Fig. 168; Taf. 26, Fig. 204, 205; Taf. 30, Fig. 240, 241; Taf. 32, Fig. 261; Taf. 34, Fig. 294.

Verbreitung: Vom Senegal und Niger im Westen bis Eritrea im Osten; im Norden bilden die Sahara, im Süden die Waldzone die Grenze.

Varanus exanthematicus albigularis (DAUDIN)

1802 *Tupinambis albigularis* DAUDIN, Hist. nat. Rept., **3**: 72, Taf. 32. — Terra typica: unbekannt.
1831 *Monitor (Psammosaurus) albogularis* GRAY (Emendation) in GRIFFITH, Anim. Kingd., **9** Synops.: 28.
1831 *Varanus gillii* A. SMITH, S. afr. quart. J., **5**: 16. — Terra typica: „Mountainous districts of Graaf-Reinet and the Orange River".
1844 *Monitor exanthematicus capensis* SCHLEGEL (non *Lacerta capensis* SPARRMAN 1783 = *Varanus n. niloticus*), Abb. Amphib.: X. — Terra typica: „Vorgebirge der Guten Hoffnung".
1919 *Varanus exanthematicus albigularis* — K. P. SCHMIDT, Bull. amer. Mus. nat. Hist., New York, **39**: 483; Karte 12.

1942 *Varanus* (*Empagusia*) *exanthematicus albigularis* — MERTENS, Abh. senckenb. naturf. Ges., Frankfurt a. M., **465**: 193. — **466**: 357; Taf. 3, Fig. 12; Taf. 12, Fig. 55; Taf. 23, Fig. 169; Taf. 26, Fig. 199—201; Taf. 30, Fig. 242—243.

Verbreitung: Südafrika, im Norden bis Angola, Rhodesien und Mozambique.

Varanus exanthematicus angolensis K. P. SCHMIDT

1933 *Varanus albigularis angolensis* K. P. SCHMIDT, Ann. Carnegie Mus. Pittsburgh, **22**: 10, Taf. 2. — Terra typica: Gauca, Biha, Angola.

1937 *Varanus exanthematicus angolensis* — MERTENS, Abh. senckenb. naturf. Ges., Frankfurt a. M., **435**: 9.

1942 *Varanus* (*Empagusia*) *exanthematicus angolensis* — MERTENS, Abh. senckenb. naturf. Ges., Frankfurt a. M., **465**: 194. — **466**: 359; Taf. 15, Fig. 93; Taf. 23, Fig. 170; Taf. 26, Fig. 202.

Verbreitung: Angola und vermutlich benachbarte Teile von Nord-Rhodesien und der Republik Kongo.

Varanus exanthematicus microstictus BOETTGER

1845 *Monitor microstictus* RÜPPELL (nomen nudum), Mus. senckenb., Frankfurt a. M., **3**: 301. — „Abyssinien".

1893 *Varanus microstictus* BOETTGER, Kat. Rept. Samml. Mus. senckenb. naturf. Ges., Frankfurt a. M., **1**: VIII, 72. — Terra typica: Abessinien.

1897 *Varanus occellatus* (error typographicus) — TORNIER, Kriechthiere Deutsch-Ost-Afrikas: 58.

1897 *Varanus occipitalis* TORNIER (ex errore), Kriechthiere Deutsch-Ost-Afrikas: 38.

1942 *Varanus* (*Empagusia*) *exanthematicus microstictus* — MERTENS, Abh. senckenb. naturf. Ges., Frankfurt a. M., **465**: 192. — **466**: 355; Taf. 12, Fig. 54; Taf. 19, Fig. 124; Taf. 23, Fig. 171; Taf. 26, Fig. 203; Taf. 30, Fig. 244; Taf. 32, Fig. 262; Taf. 34, Fig. 295.

Verbreitung: O-Afrika; von Abessinien und Somali im Norden bis zum westafrikanischen Waldgebiet im Westen und Mozambique im Süden.

Varanus flavescens (HARDWICKE & GRAY)

Subgenus *Empagusia*

1827 *Monitor flavescens* HARDWICKE & GRAY, Zool. J., London, **3**: 226. — Terra typica: „India".

1830 *Varanus russelii* HEYDEN in RÜPPELL, Atlas Reise nördl. Afrika, Rept.: 23. — Terra typica: Bengalen.

1836 *Varanus picquotii* DUMÉRIL & BIBRON, Erpétol. gén., **3**: 485; Taf. 35, Fig. 5. — Terra typica: Bengalen.

1844 *Monitor exanthematicus indicus* SCHLEGEL (non *Tupinambis indicus* DAUDIN 1802 = *Varanus indicus*), Abb. Amphib.: X. — Terra typica: Bengalen.

1847 *Varanus flavescens* — CANTOR, J. asiat. Soc. Bengal, Calcutta, **16**: 634.

1856 *Varanus diardii* HALLOWELL (nomen nudum), Proc. Acad. nat. Sci. Philad., 8: 150. — „Asia".

1942 *Varanus* (*Empagusia*) *flavescens* — MERTENS, Abh. senckenb. naturf. Ges., Frankfurt a. M., **465**: 187. — **466**: 347; Taf. 1, Fig. 4; Taf. 16, Fig. 110; Taf. 23, Fig. 167; Taf. 26, Fig. 198; Taf. 30, Fig. 239.

Verbreitung: Von Sind (West-Pakistan) bis Bengalen.

Varanus giganteus (GRAY)

Subgenus *Varanus*

1845 *Hydrosaurus giganteus* GRAY, Cat. Liz. brit. Mus.: 13. — Terra typica: Nordküste Australiens.

1885 *Varanus giganteus* — BOULENGER, Cat. Liz. brit. Mus., **2**: 320.

1942 *Varanus (Varanus) giganteus* — MERTENS, Abh. senckenb. naturf. Ges., Frankfurt a. M., **466**: 276; Taf. 4, Fig. 17, 18.

Verbreitung: Zentral-Australien. Das Vorkommen an der australischen Nordküste bedarf der Bestätigung.

Varanus gilleni LUCAS & FROST

Subgenus *Odatria*

1895 *Varanus gilleni* LUCAS & FROST, Proc. Soc. Victoria, Melbourne, **7**: 266. — Terra typica: „Central Australia" = zwischen Glen Edith und Deering Creek, Zentral-Australien.

1942 *Varanus (Odatria) gilleni* — MERTENS, Abh. senckenb. naturf. Ges., Frankfurt a. M., **465**: 175. — **466**: 314; Taf. 9, Fig. 42; Taf. 14, Fig. 81; Taf. 22, Fig. 157; Taf. 25, Fig. 191; Taf. 29, Fig. 229.

Verbreitung: Zentral- und Nordwest-Australien (hier Canning Stock Route); auch nördliches Süd-Australien (Quorn).

Varanus glauerti MERTENS

Subgenus *Odatria*

1957 *Varanus (Odatria) timorensis glauerti* MERTENS, Western austral. Natural., Perth, **5**: 183. — Terra typica: Wotjulum, West Kimberley, Western Australia.

1958 *Varanus (Odatria) glauerti* — MERTENS, Senckenb. biol., Frankfurt a. M., **39**: 236.

Verbreitung: Nur bei Wotjulum im nordwestlichsten Australien nachgewiesen.

Varanus glebopalma MITCHELL

Subgenus *Odatria*

1955 *Varanus (Odatria) glebopalma* MITCHELL, Rec. South Austral. Mus., Adelaide, **11**: 389, Abb. 3. — Terra typica: Südliches Ende des Lake Hubert, Northern Territory, Australien.

Verbreitung: Außer vom typischen Fundpunkt noch von der Forrest River Mission, nahe Wyndham (Northern Territory), und von Wotjulum, Kimberley (Western Australia) bekannt.

Varanus gouldii (GRAY)

Subgenus *Varanus*

1838 *Hydrosaurus gouldii* GRAY, Ann. nat. Hist., London, **1**,: 394. — Terra typica: Australien. — Terra typica restricta (MERTENS 1958: 248): Nordwest-Australien.

1851 *Varanus gouldii* — C. & A. DUMÉRIL, Cat. méth. Coll. Rept. Mus. Paris: 52.

1878 [?] *Hydrosaurus ocellarius* BLYTH in THEOBALD (nomen dubium), J. asiat. Soc. Bengal, Calcutta, **47** extra number: 21. — Terra typica: Australien.

1942 *Varanus (Varanus) gouldii* — MERTENS, Abh. senckenb. naturf. Ges., Frankfurt a. M., **466**: 281.

Verbreitung: Fast ganz Australien (in Victoria nur im Nordwesten), viele küstennahe Inseln, wie Monte-Bello, Kangaroo und Inseln der Torres-Straße; südliches Neuguinea.

Varanus gouldii gouldii (GRAY)

1936 *Varanus gouldiae Berney* (ex errore), Queensland Natural., Brisbane, **10**: 12.
1942 *Varanus (Varanus) gouldii* — MERTENS, partim, Abh. senckenb. naturf. Ges., Frankfurt a. M., **465**: 162, — **466**: 281; Taf. 21, Fig. 145.
1958 *Varanus (Varanus) gouldii gouldii* — MERTENS, Senckenb. biol., Frankfurt a. M., **39**: 248.

Verbreitung: Westliches, nördliches und östliches Australien; südliches Neuguinea.

Varanus gouldii flavirufus MERTENS

1958 *Varanus (Varanus) gouldii flavirufus* MERTENS, Senckenb. biol. Frankfurt a. M., **39**: 250; Taf. 25, Fig. 3; Taf. 29, Fig. 11a, 11b. — Terra typica: Bat Caves bei Alice Springs, Nord-Territorium, Australien.
1942 *Varanus (Varanus) gouldii* — MERTENS, partim, Abh. senckenb. naturf. Ges., Frankfurt a. M., **465**: 162. — **466**: 281; Taf. 7, Fig. 29; Taf. 13, Fig. 60, 61; Taf. 15, Fig. 90; Taf. 16, Fig. 105; Taf. 21, Fig. 144; Taf. 24, Fig. 177; Taf. 28, Fig. 216; Taf. 34, Fig. 278.

Verbreitung: Zentral-Australien, im Gebiete des roten Sandbodens; im Westen bis zur Canning Stock Route (Western Australia).

Varanus gouldii rosenbergi MERTENS

1957 *Varanus gouldii rosenbergi* MERTENS, Zool. Anz., Leipzig, **159**: 18. — Terra typica: Monigup Pass, Stirling Range, Südwest-Australien.
1942 *Varanus (Varanus) gouldii* — MERTENS, partim, Abh. senckenb. naturf. Ges.. Frankfurt a. M., **466**: 284; Taf. 1, Fig. 2; Taf. 2, Fig. 8.

Verbreitung: Südlichstes Australien: bekannt von dem Stirling-Gebirge im Südwesten und von der Kangaroo-Insel im Südosten.

Varanus grayi BOULENGER

Subgenus *Philippinosaurus*

1845 *Uaranus ornatus* GRAY (non *Tupinambis ornatus* DAUDIN 1803 = *Varanus niloticus ornatus* [DAUDIN 1803]), Cat. Liz. brit. Mus.: 10. — Terra typica: Philippinen.
1885 *Varanus grayi* BOULENGER (nomen novum pro *Uaranus ornatus* GRAY 1845), Cat. Liz. brit. Mus. **2**: 312.
1942 *Varanus grayi* — MERTENS, Abh. senckenb. naturf. Ges., Frankfurt a. M., **465**: 199. — **466**: 369; Taf. 19, Fig. 122; Taf. 24, Fig. 172; Taf. 31, Fig. 250; Taf. 33, Fig. 270.
1959 *Varanus (Philippinosaurus) grayi* — MERTENS, Senckenb. biol., Frankfurt a. M., **40**: 229; Taf. 26, 27.

Verbreitung: Philippinen, genauer Fundpunkt unbekannt.

Varanus griseus (DAUDIN)

Subgenus *Psammosaurus*

1803 *Tupinambis griseus* DAUDIN, Hist. nat. Rept., 8: 352. — Terra typica: Ägypten.
1845 [?] *Varanus striatus* OWEN, Odontography, 1: 265. — **2** (1841); Taf. 63A, Fig. 8. — Terra typica: unbekannt.
1885 *Varanus griseus* — BOULENGER, Cat. Liz. brit. Mus., **2**: 306.
1942 *Varanus (Psammosaurus) griseus* — MERTENS, Abh. senckenb. naturf. Ges., Frankfurt a. M., **465**: 184. — **466**: 338.

Verbreitung: Nördliches Afrika und südwestliches Asien bis N-Indien (äußerster Norden der Zentral-Provinzen).

Varanus griseus griseus (DAUDIN)

1820 *Varanus scincus* MERREM, Tent. Syst. Amphib.: 59. — Terra typica: Ägypten.

?1827 *Tupinambis arenarius* G. GEOFFROY, Descr. Ègypte, Hist. nat., **1**: 123; Taf. 3, Fig. 2; Taf. 4, Fig. 14, 15. — Terra typica: Ägypten.

1834 *Varanus terrestris* SCHINZ, Naturgesch. Abb. Rept.: 94; Taf. 32, Fig. 1, 2. — Terra typica restricta (MERTENS 1942: 339): Kairo, Ägypten.

1848 *Varanus arenaceus* GERVAIS (ex errore), Ann. Sci. nat., Paris, (3) **10**: 204.

1899 *Psammosaurus arabicus* HEMPRICH & EHRENBERG, Symbol. phys. zool. Amphib.: 3, Taf. 1. — Terra typica: Arabien.

1942 *Varanus* (*Psammosaurus*) *griseus* — MERTENS, partim, Abh. senckenb. naturf. Ges., Frankfurt a. M., **465**: 184. — **466**: 338; Taf. 1, Fig. 3; Taf. 3, Fig. 13; Taf. 11, Fig. 51, 52; Taf. 15, Fig. 91.

1954 *Varanus* (*Psammosaurus*) *griseus griseus* — MERTENS, Senckenb. biol., Frankfurt a. M., **35**: 354; Taf. 33, Fig. 1.

Verbreitung: Nordafrika (von Rio de Oro bis zum Sudan und Ägypten) und Südwestasien (Syrien, Libanon, Israel, Jordanien, Irak, Arabische Halbinsel).

Varanus griseus caspius (EICHWALD)

1831 *Psammosaurus caspius* EICHWALD, Zool. spec. Ross. Polon., **3**: 190. — Terra typica restricta (MERTENS 1942: 339): Halbinsel Dardsha, Ostküste des Kaspi-Sees.

1845 *Psammosaurus? caspicus* GRAY (Emendation), Cat. Liz. brit. Mus.: 7.

1942 *Varanus* (*Psammosaurus*) *griseus* — MERTENS, partim, Abh. senckenb. naturf. Ges., Frankfurt a. M., **466**: 338.

1954 *Varanus* (*Psammosaurus*) *griseus caspius* — MERTENS, Senckenb. biol., Frankfurt a. M., **35**: 355; Taf. 33, Fig. 3.

Verbreitung: Vom Ostufer des Kaspi-Sees über den südlichen Teil von Kasakstan bis zu der zentralasiatischen USSR; ferner Iran, nördliches Balutschistan (West-Pakistan) und vielleicht Afghanistan.

Varanus griseus koniecznyi MERTENS

1869 [?] *Varanus ornatus* CARLLEYLE (non *Tupinambis ornatus* DAUDIN 1803 = *Varanus niloticus ornatus* (DAUDIN 1803); non *Uaranus ornatus* GRAY 1845 = *Varanus grayi* (BOULENGER 1885), J. asiat. Soc. Bengal, Calcutta, **38** 2: 192; Abb. 1, 2. — Terra typica: Sikandra bei Agra, Indien.

1942 *Varanus* (*Psammosaurus*) *griseus* — MERTENS, partim, Abh. senckenb. naturf. Ges., Frankfurt a. M., **466**: 338.

1954 *Varanus* (*Psammosaurus*) *griseus koniecznyi* MERTENS, Senckenb. biol., Frankfurt a. M., **35**: 355; Taf. 33, Fig. 2. — Terra typica: Korangee bei Karachi, West-Pakistan.

Verbreitung: Südliches West-Pakistan; ob der Wüstenwaran NW-Indiens dazu gehört, wäre noch zu klären.

Varanus indicus (DAUDIN)

Subgenus *Varanus*

1802 *Tupinambis indicus* DAUDIN, Hist. nat. Rept., **3**: 46, Taf. 30. — Terra typica: „Amboine" = Ambon, Molukken.

1883 *Varanus indicus* — BOULENGER, Proc. zool. Soc. London, **1883**: 386.
1942 *Varanus (Varanus) indicus* — MERTENS, Abh. senckenb. naturf. Ges., Frankfurt a. M., **466**: 260.

Verbreitung: Östlicher Teil des Indo-Australischen Archipels (im Westen bis zu den Inseln Talaud und Timor), Neuguinea, Inseln der Torres-Straße, nördlichstes Queensland, ferner papuanische Inselwelt im Westpazifik (Bismarck-Archipel, Salomonen) im Osten bis zu den Karolinen, Marianen und Marschall-Inseln.

Varanus indicus indicus (DAUDIN)

1820 *Varanus guttatus* MERREM, Tent. Syst. Amphib.: 58. — Terra typica: „Bengalen"; da aber auf *Tupinambis indicus* DAUDIN begründet, in „Amboine" zu berichtigen.
1830 *Monitor douarrha* LESSON in DUPERREY, Voyage Coquille, Zool., **2** 1: 53. — Terra typica: Praslin Hafen, Neu-Mecklenburg.
1831 *Monitor chlorostigma* GRAY in GRIFFITH, Anim. Kingd., **9** Synops.: 26. — Terra typica: Insel Rawack, nördlich von Waigeu.
1874 *Monitor doreanus* A. B. MEYER, Mber. Akad. Wiss. Berlin, **1874**: 130. — Terra typica: Doreh, Halbinsel Berou, Nordwest-Neuguinea.
1926 *Varanus indicus indicus* — MERTENS, Senckenbergiana, Frankfurt a. M., 8: 274.
1926 *Varanus indicus rouxi* MERTENS, Senckenbergiana, Frankfurt a. M., 8: 276. — Terra typica: Durdjela, Wammer, Aru-Insel.
1929 *Varanus tsukamotoi* KISHIDA, Lansania, Tokyo, **1**: 13. — Terra typica: Saipan, Karolinen.
1932 *Varanus indicus jobiensis* AHL, Mitt. zool. Mus. Berlin, **17**: 892, Abb. — Terra typica: Insel Jobi (= Japen).
1934 *Varanus leucostigma* HEDIGER (ex errore), Zool. Jb., Syst., Jena, **65**: 497.
1942 *Varanus (Varanus) indicus indicus* — MERTENS, Abh. senckenb. naturf. Ges., Frankfurt a. M., **465**: 154. — **466**: 263; Taf. 6, Fig. 24—26; Taf. 21, Fig. 140—142; Taf. 24, Fig. 175, 176; Taf. 28, Fig. 218, 219; Taf. 32, Fig. 253, 254; Taf. 33, Fig. 274, 275.

Verbreitung: Das gesamte bei der Species angegebene Areal mit Ausnahme der Inseln Waigeu an der Nordwestküste von Neuguinea und des kleinen Eilands St. Georg bei Ysabel, Salomonen, wo je eine andere *indicus*-Rasse lebt.

Varanus indicus kalabeck (LESSON)

1830 *Monitor kalabeck* LESSON in DUPERREY, Voyage Coquille, Zool., **2** 1: 52. — Terra typica: Offack [= Fofak]-Bucht, Nordküste von Waigeu.
1942 *Varanus (Varanus) indicus kalabeck* — MERTENS, Abh. senckenb. naturf. Ges., Frankfurt a. M., **462**: 270; Taf. 15, Fig. 89.

Verbreitung: Insel Waigeu an der Nordwestspitze Neuguineas.

Varanus indicus spinulosus MERTENS

1941 *Varanus indicus spinulosus* MERTENS, Senckenbergiana, Frankfurt a. M., **23**: 269, Abb. 2. — Terra typica: Georgs-Insel, Salomonen.
1942 *Varanus (Varanus) indicus spinulosus* — MERTENS, Abh. senckenb. naturf. Ges., Frankfurt a. M., **466**: 271; Taf. 6, Fig. 27; Taf. 15, Fig. 88.

Verbreitung: Nur von „Georgs-Insel", Salomonen, bekannt, die offenbar mit dem kleinen Eiland St. George bei Ysabel identisch ist.

Varanus karlschmidti Mertens

Subgenus *Varanus*

1951 *Varanus karlschmidti* Mertens, Fieldiana, Chicago, **31**: 467, Abb. 86. — Terra typica: Marienberg, Sepik-Fluß, Australisch-Neuguinea.

Verbreitung: Nur vom typischen Fundort am unteren Sepik-Fluß an der Nordküste Neuguineas bekannt.

Varanus komodoensis Ouwens

Subgenus *Varanus*

1912 *Varanus komodoensis* Ouwens, Bull. Jard. Buitenzorg, (2) **6**: 1, Taf. 1—3. — Terra typica: Insel Komodo, Kleine Sunda-Inseln.

1913 *Varanus comodensis* Anonymus (ex errore), Bl. Aquar.-Terrar.-Kunde, Stuttgart, **24**: 611.

1914 *Varanus komodensis* E. G. Boulenger (ex errore), Reptiles and Batrachians: 80.

1942 *Varanus (Varanus) komodoensis* — Mertens, Abh. senckenb. naturf. Ges., Frankfurt a. M., **465**: 160. — **466**: 278; Taf. 2, Fig. 6; Taf. 18, Fig. 118—120; Taf. 32, Fig. 257; Taf. 33, Fig. 277; Abb. 5, 6, 8, 10—12.

Verbreitung: Inseln Komodo, Rintja, Padar und westliches Flores, Indo-Australischer Archipel.

Varanus mertensi Glauert

Subgenus *Varanus*

1951 *Varanus mertensi* Glauert, West. austral. Naturalist, Perth, **3**: 14, Abb. 1. — Terra typica: Moola Bulla Cattle Station bei Halls Creek, East Kimberley, West-Australien.

1956 *Varanus bulliwallah* Worrell, Austral. Zool., Sydney, **12**: 201, Taf. 17—19. — Terra typica: Wasserloch bei Belyando, Bulliwallah Station, Queensland.

Verbreitung: Vom nördlichen West-Australien bis zum nördlichen Queensland.

Varanus mitchelli Mertens

Subgenus *Varanus*

1958 *Varanus (Varanus) mitchelli* Mertens, Senckenb. biol., Frankfurt a. M., **39**: 256; Taf. 27, 31. — Terra typica: 5 Meilen westlich von Ocupelli, NT, Australien.

Verbreitung: Nördlichstes Northern Territory, Australien.

Varanus niloticus (Linnaeus)

Subgenus *Polydaedalus*

1758 *Lacerta monitor* Linnaeus, partim (Opinion 540, ICZN: nomen rejectum), Syst. Nat., Ed. 10, 1: 201. — „In Indiis".

1766 *Lacerta nilotica* Linnaeus, Syst. Nat., Ed. 12, 1 1: 369. — Terra typica: Ägypten.

1768 *Stellio saurus* Laurenti, Synops. Rept.: 56. — Terra typica: „In Zeylania ad littora maris".

1826 *Varanus niloticus* — Fitzinger, Neue Classif. Rept.: 50.

1942 *Varanus (Polydaedalus) niloticus* — Mertens, Abh. senckenb. naturf. Ges., Frankfurt a. M., **466**: 318.

Verbreitung: Ganz Afrika mit Ausnahme der mediterranen Zone, der wasserlosen Gebiete in der Sahara und SW-Afrika.

Varanus niloticus niloticus (LINNAEUS)

1783 *Lacerta capensis* SPARRMAN, Resa till Goda Hoppsudden: 749. — Terra typica: Hinterbruyntjes-Höhe, Kapland.

1788 *Lacertus tupinambis* LACÉPÈDE, partim, Hist. nat. Quadrup. ovip., 1 Synops. method.: 251. — Terra typica: Kap der Guten Hoffnung und Senegal. — Terra typica restricta (MERTENS 1942: 321): Kap der Guten Hoffnung.

1802 *Tupinambis elegans* DAUDIN, partim, Hist. nat. Rept., 3: 36. — Terra typica: „Surinam".

1802 *Tupinambis stellatus* DAUDIN, partim, Hist. nat. Rept., 3: 59, Taf. 31. — Terra typica: von Senegal bis zum Kap der Guten Hoffnung. — Terra typica restricta (MERTENS 1942: 320): Senegal.

1819 *Monitor pulcher* LEACH in BOWDICH, Mission to Ashantee: 493. — Terra typica: Fantee, Goldküste.

1844 *Monitor elegans senegalensis* SCHLEGEL, Abb. Amphib.: X. — Terra typica: Senegal.

1942 *Varanus* (*Polydaedalus*) *niloticus niloticus* — MERTENS, Abh. senckenb. naturf. Ges., Frankfurt a. M., **465**: 177. — **466**: 320; Taf. 10, Fig. 44—47.

Verbreitung: Afrika, ausgenommen den mediterranen Küstensaum und die großen Trockengebiete. Im Nordwesten bis Mauretanien und die Adrar-Berge, im Nordosten bis Oberägypten, im Süden bis zum Kapland.

Varanus niloticus ornatus (DAUDIN)

1803 *Tupinambis ornatus* DAUDIN, Hist. nat. Rept., 8: 353. — Terra typica: Malimbe, Kamerun.

1942 *Varanus* (*Polydaedalus*) *niloticus ornatus* — MERTENS, Abh. senckenb. naturf. Ges., Frankfurt a. M., **465**: 177. — **466**: 327; Taf. 3, Fig. 11; Taf. 10, Fig. 48; Taf. 13, Fig. 62, 63; Taf. 17, Fig. 114; Taf. 20, Fig. 125—130; Taf. 23, Fig. 163, 164; Taf. 27, Fig. 206, 207, 209; Taf. 30, Fig. 236—238; Taf. 33, Fig. 267; Taf. 34, Fig. 288.

Verbreitung: Westafrikanisches Waldgebiet: von Liberien im Nordwesten bis Französisch-Äquatorial-Afrika und der Republik Kongo; Fernando Poo. Längs der Guinea-Küste ist das Wohnareal teilweise unterbrochen durch die Nominatrasse.

Varanus prasinus (SCHLEGEL)

Subgenus *Odatria*

1831 [?] *Monitor viridis* GRAY (nomen dubium) in GRIFFITH, Anim. Kingdom, **9** Synops.: 26. — Terra typica: nicht angegeben.

1839 *Monitor prasinus* SCHLEGEL, Abb. Amphib.: 78; Taf. 22, Fig. 5. — Terra typica: „Westküste von Neuguinea" = Fort de Bus, Bai Oeroe-Langoeroe.

1856 *Varanus prasinus* — BLEEKER, Reis Minahassa, 1: 278.

1942 *Varanus* (*Odatria*) *prasinus* — MERTENS, Abh. senckenb. naturf. Ges., Frankfurt a. M., **465**: 168. — **466**: 291.

Verbreitung: Neuguinea und benachbarte Inseln (z. B. Misol, Salawatti, Aru, Schouten-Insel, Trobriand, d'Entrecasteaux-Archipel, Louisiade-Archipel, Inseln der Torres-Straße).

Varanus prasinus prasinus (SCHLEGEL)

1942 *Varanus* (*Odatria*) *prasinus prasinus* — MERTENS, Abh. senckenb. naturforsch. Ges., Frankfurt a. M., **465**: 168. — **466**: 292; Taf. 8, Fig. 36; Taf. 14, Fig. 70; Taf. 16, Fig. 107; Taf. 22, Fig. 147; Taf. 25, Fig. 182; Taf. 29, Fig. 224.

Verbreitung: Neuguinea, Misol, Salawatti und einige Inseln der Torres-Straße.

Varanus prasinus beccarii (Doria)

1874 *Monitor beccarii* Doria, Ann. Mus. Civ. Stor. nat. Genova, **6**: 331; Taf. 11, Fig. a. — Terra typica: Wokam, Aru-Inseln.

1941 *Varanus prasinus beccarii* — Mertens, Senckenbergiana, Frankfurt a. M., **23**: 272.

1942 *Varanus (Odatria) prasinus beccarii* — Mertens, Abh. senckenb. naturforsch. Ges., Frankfurt a. M., **465**: 170. — **466**: 296; Taf. 8, Fig. 38; Taf. 14, Fig. 71; Taf. 22, Fig. 149; Taf. 25, Fig. 184; Taf. 29, Fig. 226; Taf. 34, Fig. 283.

Verbreitung: Aru-Inseln.

Varanus prasinus bogerti Mertens

1950 *Varanus prasinus bogerti* Mertens, Amer. Mus. Novitat., New York, **1456**: 3, Abb. 1. — Terra typica: Fergusson (Moratai)-Insel, D'Entrecasteaux-Archipel.

Verbreitung: Kleine Inselgruppen an der Südostspitze Neuguineas: außer von Fergusson noch bekannt von Trobriand (nördlich des d'Entrecasteaux-Archipels) und St. Aignan, Louisiade-Archipel.

Varanus prasinus kordensis (A. B. Meyer)

1874 *Monitor kordensis* A. B. Meyer. Mber. berlin. Akad. Wiss. **1874**: 131. — Terra typica: Kordo, Mysore [= Wiak-Insel,] Schouten-Archipel.

1942 *Varanus (Odatria) prasinus kordensis* — Mertens, Abh. senckenb. naturf. Ges., Frankfurt a. M., **465**: 169. — **466**: 294; Taf. 8, Fig. 37; Taf. 14, Fig. 68, 69; Taf. 22, Fig. 148; Taf. 25, Fig. 183; Taf. 29, Fig. 225.

Verbreitung: Insel Biak (Wiak) in der Geelvink-Bai im westlichen N-Neuguinea.

Varanus rudicollis (Gray)

Subgenus *Dendrovaranus*

1845 *Uaranus rudicollis* Gray, Cat. Liz. brit. Mus.: 10.—Terra typica: „Philippinen".

1885 *Varanus rudicollis* — Boulenger, Cat. Liz. brit. Mus., **2**: 313.

1932 *Varanus scutigerulus* Barbour, Proc. New Engl. zool. Club, Cambridge, Mass., **13**: 1. — Terra typica: Kampong Ulu, Malam-Fluß, Sarawak, N.-Borneo.

1942 *Varanus (Varanus) salvator scutigerulus* — Mertens, Abh. senckenb. naturf. Ges., Frankfurt a. M., **466**: 259.

1942 *Varanus (Dendrovaranus) rudicollis* — Mertens, Abh. senckenb. naturf. Ges., Frankfurt a. M., **465**: 195. — **466**: 360; Taf. 12, Fig. 56, 57; Taf. 13, Fig. 65; Taf. 15, Fig. 94; Taf. 17, Fig. 116; Taf. 27, Fig. 210; Taf. 31, Fig. 247; Taf. 32, Fig. 263; Taf. 34, Fig. 293.

Verbreitung: Unter-Burma und Malayische Halbinsel, Rhio-Archipel, Sumatra, Banka und Borneo; auf den Philippinen bisher nicht nachgewiesen.

Varanus salvadorii (Peters & Doria)

Subgenus *Papusaurus*

1878 *Monitor salvadorii* Peters & Doria, Ann. Mus. civ. Stor. nat. Genova, **13**: 337; Taf. 2, Fig. 1, 2. — Terra typica: Dorei, NW-Neuguinea.

1885 *Varanus salvadorii* — Boulenger, Cat. Liz. brit. Mus., **2**: 314.

1942 *Varanus (Varanus) salvadorii* — Mertens, Abh. senckenb. naturf. Ges., Frankfurt a. M., **465**: 164. — **466**: 286; Taf. 6, Fig. 28; Taf. 13, Fig. 58; Taf. 14, Fig. 83,

84; Taf. 21, Fig. 143; Taf. 24, Fig. 178; Taf. 28, Fig. 217; Taf. 32, Fig. 255; Taf. 34, Fig. 279.

1962 *Varanus (Papusaurus) salvadorii* - MERTENS, Senck. biol., Frankfurt a. M. **43** 5: 332, Abb. 1.

Verbreitung: Neuguinea.

Varanus salvator (LAURENTI)

Subgenus *Varanus*

1758 *Lacerta monitor* LINNAEUS, partim (Opinion 540, ICZN: nomen rejectum), Syst. Nat., Ed. 10, **1**: 201. — „In Indiis".

1768 *Stellio salvator* LAURENTI, Synops. Rept.: 56. — Terra typica: „America". — Terra typica designata (MERTENS 1959: 234): Ceylon.

1847 *Varanus salvator* — CANTOR, J. asiat. Soc. Bengal, Calcutta, **16**: 635.

1942 *Varanus (Varanus) salvator* — MERTENS, Abh. senckenb. naturf. Ges., Frankfurt a. M., **466**: 244.

Verbreitung: Ceylon, Südost-Asien, Philippinen, Indo-australischer Archipel (im Osten bis zu den Molukken).

Varanus salvator salvator (LAURENTI)

1788 *Lacertus tupinambis* LACÉPÈDE, partim, Hist. nat. Quadrup. ovip., **1** Synops. method.: 251, Taf. 17. — Terra typica: unbekannt.

1802 *Tupinambis elegans* DAUDIN, partim, Hist. nat. Rept., **3**: 36. — Terra typica: „Surinam".

1831 *Monitor exilis* GRAY in GRIFFITH, Anim. Kingd., **9** Synops.: 25. — Terra typica: „India".

1834 *Varanus vittatus* LESSON in BÉLANGER, Voyage Ind. orient., Zool.: 307. — Terra typica: Inseln der Ganges-Mündung.

1842 *Varanus binotatus* BLYTH (ex errore), J. asiat. Soc. Bengal, Calcutta, **11**: 867.

1844 *Monitor bivittatus* var. *celebensis* SCHLEGEL, Abb. Amphib.: X. — Terra typica: Celebes.

1937 *Varanus salvator salvator* — MERTENS, Senckenbergiana, Frankfurt a. M., **19**: 178.

1942 *Varanus (Varanus) salvator salvator* — MERTENS, partim, Abh. senckenb. naturf. Ges., Frankfurt a. M., **465**: 149. — **466**: 245; Taf. 5, Fig. 19; Taf. 17, Fig. 113; Taf. 19, Fig. 121; Taf. 21, Fig. 137; Taf. 28, Fig. 213; Taf. 32, Fig. 252; Taf. 33, Fig. 272, 273.

1944 *Varanus salvator macromaculatus* DERANIYAGALA, Spol. zeylan., Colombo, **24**: 60, 61, 62; Taf. 12. — Terra typica „Siam".

1947 *Varanus salvator kabaragoya* DERANIYAGALA, Proc. 3. ann. Sess. Ceylon Ass. Sci., **2** Abstr.: 12. — Terra typica: Ceylon.

1947 *Varanus salvator nicobariensis* DERANIYAGALA, Proc. 3. ann. Sess. Ceylon Ass. Sci., **2** Abstr.: 12. — Terra typica: „Nicobar Islands".

1959 *Varanus (Varanus) salvator salvator* — MERTENS, Senckenb. biol., Frankfurt a. M., **40**: 234; Taf. 28, Fig. 5.

Verbreitung: Von Ceylon im Westen bis Südchina und Hainan im Norden und nördliche Molukken im Osten. Südost-Asien (fehlt in Vorderindien mit Ausnahme des äußersten Ostens, Ost-Bengalens und Ost-Himalayas), Halbinsel Malakka, Mergui-Archipel, Nikobaren-Archipel, Sumatra, Nias, Engano, Banka, Borneo und viele benachbarte Eilande; Celebes, von hier über die Sula-Inseln nach Batjan, Halmaheira und Obi vorgedrungen, wo die östlichste Verbreitungsgrenze liegt. Fehlt offenbar auf Buru, Ambon, Ceram und mit Sicherheit auch auf Neuguinea, den Inseln der Torresstraße und in Cape York. Auf den Philippinen (auch auf Palawan ?), den Togean-Inseln, Andamanen, auf Java und den Kleinen Sunda-Inseln durch andere Rassen vertreten.

Varanus salvator andamanensis DERANIYAGALA

1944 *Varanus salvator andamanensis* DERANIYAGALA, Spol. zeylan., Colombo, **24**: 60, 61; Taf. 11. — Terra typica: Port Blair, Andamanen.

Verbreitung: Andamanen.

Varanus salvator bivittatus (KUHL)

1820 *Tupinambis bivittatus* KUHL, Beitr. Zool.: 125. — Terra typica: unbekannt. — Terra typica designata: (MERTENS 1959: 237) Java.

1829 *Monitor nigricans* CUVIER, Règne anim., Ed. 2, **2**: 27. — Terra typica: Java.

1844 *Monitor bivittatus* var. *javanica* SCHLEGEL, Abb. Amphib.: X. — Terra typica: Java.

1845 *Varanus crocodilinus* OWEN, Odontogr., **1**: 265. — **2** (1840): Taf. 68, Fig. 3. — Terra typica restricta (MERTENS 1942: 245): Java.

1942 *Varanus* (*Varanus*) *salvator salvator* — MERTENS, partim, Abh. senckenb. naturf. Ges., Frankfurt a. M., **465**: 149. — **466**: 245; Taf. 5, Fig. 20, 21; Taf. 13, Fig. 85; Taf. 16, Fig. 103; Taf. 21, Fig. 136; Taf. 25, Fig. 179; Taf. 28, Fig. 212; Taf. 32, Fig. 251; Taf. 33, Fig. 271.

1959 *Varanus* (*Varanus*) *salvator bivittatus* — MERTENS, Senckenb. biol., Frankfurt a. M., **40**: 237, Taf. 29.

Verbreitung: Java, Bali, Lombok, Sumbawa, Flores, Ombai (Alor), Wetar; wahrscheinlich auch auf einigen weiteren Eilanden in der Nachbarschaft von Java und Flores (Kalao, Saleyer ?). Auf Sumba, Savu, Roti und Timor fehlend.

Varanus salvator cumingi MARTIN

1838 *Varanus cumingi* MARTIN, Proc. zool. Soc. London, **1838**: 69. — Terra typica: Mindanao, Philippinen.

1942 *Varanus* (*Varanus*) *salvator cumingi* — MERTENS, Abh. senckenb. naturf. Ges., Frankfurt a. M., **465**: 154. — **466**: 256; Taf. 5, Fig. 23; Taf. 21, Fig. 139; Taf. 25, Fig. 181; Taf. 28, Fig. 215.

Verbreitung: Philippinen (Inseln Mindanao, Leyte, Cebu und vielleicht auch Samar).

Varanus salvator marmoratus (WIEGMANN)

1829 *Monitor marmoratus* CUVIER (nomen nudum), Règne anim., Ed. 2, **2**: 26, Fußnote 3.

1834 *Hydrosaurus marmoratus* WIEGMANN in MEYEN, Reise um die Erde, **3**: 446, Taf. 53. — Terra typica restricta (MERTENS 1942: 254): San Mateo bei Manila, Luzon, Philippinen.

1844 *Monitor bivittatus philippensis* SCHLEGEL, Abb. Amphib.: X. — Terra typica: Manila, Luzon.

1876 *Varanus manilensis* MARTENS (nomen nudum), Preuß. Exped. Ostasien, Zool., **1**: 196.

1942 *Varanus* (*Varanus*) *salvator marmoratus* — MERTENS, Abh. senckenb. naturf. Ges., Frankfurt a. M., **465**: 154. — **466**: 254; Taf. 5, Fig. 22; Taf. 21, Fig. 139; Taf. 25, Fig. 181; Taf. 28, Fig. 215.

1944 *Varanus salvator philippinensis* DERANIYAGALA, Spol. zeylan., Colombo, **24**: 61. — Terra typica: Luzon, Philippinen.

Verbreitung: Inseln Luzon und vermutlich auch Culion (Calamianes) sowie andere Eilande der Philippinen.

Varanus salvator nuchalis GÜNTHER

1872 *Hydrosaurus nuchalis* GÜNTHER, Proc. zool. Soc. London, **1872**: 145, Taf. 8. — Terra typica: Philippinen.

1942 *Varanus (Varanus) salvator nuchalis* — MERTENS, Abh. senckenb. naturf. Ges., Frankfurt a. M., **466**: 258; Taf. 15, Fig. 87.

Verbreitung: Inseln Negros und Guimares, Philippinen.

Varanus salvator togianus (PETERS)

1872 *Monitor (Hydrosaurus) togianus* PETERS, Mber. Akad. Wiss. Berlin, **1872**: 582. — Terra typica: Timotto, Togean-Inseln.

1941 *Varanus salvator togianus* — MERTENS, Senckenbergiana, Frankfurt a. M., **23**: 272.

1942 *Varanus (Varanus) salvator togianus* — MERTENS, Abh. senckenb. naturf. Ges., Frankfurt a. M., **466**: 253; Taf. 15, Fig. 86.

Verbreitung: Togean-Inseln (Timotto) im Tomini-Golf, Nordost-Celebes.

Varanus semiremex PETERS

Subgenus *Odatria*

1869 *Varanus (Odatria) semiremex* PETERS, Mber. Akad. Wiss. Berlin, **1869**: 65. — Terra typica: Cape York, NO-Australien.

1923 *Varanus boulengeri* KINGHORN, Rec. austral. Mus., Sydney, **14**: 135; Taf. 17, 18. — Terra typica: Coquet-Insel, Howick-Archipel, 14° s. Br., 144° ö. L., Queensland, Australien.

1942 *Varanus (Odatria) semiremex* — MERTENS, Abh. senckenb. naturf. Ges., Frankfurt a. M., **466**: 288.

1942 *Varanus (Odatria) semiremex semiremex* — MERTENS, Abh. senckenb. naturf. Ges., Frankfurt a. M., **466**: 290; Taf. 8, Fig. 34; Taf. 14, Fig. 72; Taf. 16, Fig. 11.

1942 *Varanus (Odatria) semiremex boulengeri* — MERTENS, Abh. senckenb. naturf. Ges., Frankfurt a. M., **465**: 166. — **466**: 289; Taf. 8, Fig. 35; Taf. 14, Fig. 73; Taf. 22, Fig. 146; Taf. 25, Fig. 185; Taf. 29, Fig. 220; Taf. 32, Fig. 265; Taf. 34, Fig. 280; Abb. 7.

Verbreitung: Nordöstlichstes Western Australia und Queensland.

Varanus spenceri LUCAS & FROST

Subgenus *Varanus*

1903 *Varanus spenceri* LUCAS & FROST, Proc. Soc. Victoria, Melbourne, (n. S.) **15**: 145. — Terra typica: Tablelands, 50 Meilen nordöstlich vom Tennant Creek, Zentral-Australien.

1906 *Varanus ingrami* BOULENGER, Ann. Mag. nat. Hist., London, (7) **18**: 440. — Terra typica: Alexandria, Northern Territory, Zentral-Australien.

1942 *Varanus (Varanus) spenceri* — MERTENS, Abh. senckenb. naturf. Ges., Frankfurt a. M., **466**: 285.

Verbreitung: Gebiet vom Tennant-Creek in N-Australien.

Varanus timorensis (GRAY)

Subgenus *Odatria*

1831 *Monitor timorensis* GRAY in GRIFFITH, Anim. Kingd., **9** Synops.: 26. — Terra typica: Timor.

1876 *Varanus (Odatria) timorensis* — MARTENS, Preuß. Exped. Ost-Asien, Zool., **1**: 279.
1942 *Varanus (Odatria) timorensis* — MERTENS, partim, Abh. senckenb. naturf. Ges., Frankfurt a. M., **466**: 298.

Verbreitung: Inseln des Timor-Archipels (Timor, Samao, Savu, Rotti), Neuguinea, Inseln der Torres-Straße und nördliches Australien.

Varanus timorensis timorensis (GRAY)

1836 *Varanus timoriensis* DUMÉRIL & BIBRON (Emendation), Erpétol. gén., **3**: 473.
1876 *Monitor timerensis* MARTENS (error typographicus), Preuß. Exped. Ost-Asien, Zool., **1**: 374.
1937 *Varanus timorensis timorensis* — MERTENS, Senckenbergiana, Frankfurt a. M., **19**: 180.
1942 *Varanus (Odatria) timorensis timorensis* — MERTENS, Abh. senckenb. naturf. Ges., Frankfurt a. M., **465**: 170. — **466**: 298; Taf. 7, Fig. 30; Taf. 14, Fig. 76; Taf. 22, Fig. 152; Taf. 25, Fig. 186; Taf. 29, Fig. 221.

Verbreitung: Inseln des Timor-Archipels (mit Ausnahme von Sumba).

Varanus timorensis scalaris MERTENS

1941 *Varanus timorensis scalaris* MERTENS, Senckenbergiana, Frankfurt a. M., **23**: 266, Abb. 1. — Terra typica: Mission Beagle Bay, Dampier Land, NW-Australien.
1942 *Varanus (Odatria) timorensis scalaris* — MERTENS, Abh. senckenb. naturf. Ges., Frankfurt a. M., **466**: 303; Taf. 7, Fig. 32; Taf. 14, Fig. 79.

Verbreitung: Nordwestliches Australien.

Varanus timorensis similis MERTENS

1958 *Varanus (Odatria) timorensis similis* MERTENS, Senckenb. biol., Frankfurt a. M., **39**: 239; Taf. 24, Fig. 2; Taf. 28, Fig. 9a, 9b. — Terra typica: Groote Eylandt, Carpentaria Bay, Nord-Territorium, Australien.
1942 *Varanus (Odatria) timorensis orientalis* — MERTENS, Abh. senckenb. naturf. Ges., Frankfurt a. M., **465**: 171; Taf. 22, Fig. 153; Taf. 25, Fig. 187; Taf. 29, Fig. 222.
1942 *Varanus (Odatria) timorensis orientalis* — MERTENS, partim, Abh. senckenb. naturf. Ges., Frankfurt a. M., **466**: 301; Taf. 7, Fig. 31; Taf. 14, Fig. 77; Taf. 16, Fig. 95—98, 100.

Verbreitung: Nördliches Australien, etwa von der Treachery Bay im Westen bis Queensland im Osten; Inseln an der Nordküste Australiens sowie in der Torres-Straße; Neuguinea.

Varanus tristis (SCHLEGEL)

Subgenus *Odatria*

1839 *Monitor tristis* SCHLEGEL, Abb. Amphib.: 73. — Terra typica: Swan River, W-Australien.
1958 *Varanus tristis* — MERTENS, Senckenb. biol., Frankfurt a. M., **39**: 242.

Verbreitung: Australien mit Ausnahme des Südostens.

Varanus tristis tristis (SCHLEGEL)

1838 *Odatria punctata* GRAY, Ann. nat. Hist., London, **1**: 394 (non *Varanus punctatus* MERREM 1820 = *Varanus b. bengalensis* [DAUDIN 1802]). — Terra typica: Sharks Bay, W-Australien.

1942 *Varanus (Odatria) timorensis tristis* — MERTENS, partim, Abh. senckenb. naturf. Ges., Frankfurt a. M., **465**: 172. — **466**: 304; Taf. 22, Fig. 154; Taf. 25, Fig. 188; Taf. 29, Fig. 223; Taf. 34, Fig. 281.
1958 *Varanus (Odatria) tristis tristis* — MERTENS, Senckenb. biol., Frankfurt a. M., **39**: 244.
1961 [?] *Varanus occidentalis* ZINNIKER (nomen dubium), Aquaria, St. Gallen, 8: 16. — Terra typica: nicht angegeben. — Terra typica designata: W-Australien.

Verbreitung: Westliches Australien.

Varanus tristis orientalis FRY

1913 *Varanus punctatus* var. *orientalis* FRY, Rec. austral. Mus., Sydney, **10**: 18, Abb. 7—9. — Terra typica: Eidsvold, oberer Burnett-Fluß, Queensland, Australien.
1942 *Varanus (Odatria) timorensis orientalis* — MERTENS, partim, Abh. senckenb. naturf. Ges., Frankfurt a. M., **466**: 301.
1942 *Varanus (Odatria) timorensis tristis* — MERTENS, partim, Abh. senckenb. naturf. Ges., Frankfurt a. M., **466**: 304; Taf. 7, Fig. 33; Taf. 14, Fig. 78; Taf. 16, Fig. 101.
1957 *Varanus (Odatria) tristis centralis* MERTENS, Western austral. Naturalist, Perth, **5**: 185. — Terra typica: Hermannsburg, Finke River, North Territorium.
1958 *Varanus (Odatria) tristis orientalis* — MERTENS, Senckenb. biol., Frankfurt a. M., **39**: 245.

Verbreitung: Australien mit Ausnahme des Westens und Südostens.

Varanus varius SHAW

Subgenus *Varanus*

1790 *Lacerta varia* SHAW in WHITE, J. Voyage New South Wales, App.: **246**; Taf. 3, Fig. 2. — Terra typica: New South Wales, Australien.
1802 *Tupinambis variegatus* DAUDIN, Hist. nat. Rept., **3**: 76. — Terra typica: Port Jackson (bei Sydney, Neu-Süd-Wales, Australien).
1820 *Varanus varius* — MERREM, Tent. Syst. Amphib.: 58.
1836 *Varanus bellii* DUMÉRIL & BIBRON, Erpétol. gén., **3**: 493; Taf. 35, Fig. 1. — Terra typica: Australien.
1870 *Varanus (Hydrosaurus) mustelinus* DE BORRE, Bull. Acad. Belg., Bruxelles, (2) **29**: 124. — Terra typica: „Côte de Guinée".
1936 *Varanus various* BERNEY (ex errore), Queensland Natural., Brisbane, **10**: 13.
1942 *Varanus (Varanus) varius* — MERTENS, Abh. senckenb. naturf. Ges., Frankfurt a. M., **465**: 157. — **466**: 273; Taf. 1, Fig. 1; Taf. 2, Fig. 7; Taf. 4, Fig. 16; Taf. 16, Fig. 99; Taf. 24, Fig. 173, 174; Taf. 31, Fig. 245, 246; Taf. 32, Fig. 256; Taf. 33, Fig. 276, Abb. 9.

Verbreitung: Östliches und südöstliches Australien (fehlt auf der Kangaroo-Insel).

Familie **Lanthanotidae**

1878 *Lanthanotidae* STEINDACHNER, Denkschr. Akad. Wiss. math.-nat. Cl., Wien, **38**: 95. — Genus typicum: *Lanthanotus* STEINDACHNER 1878.

Lanthanotus STEINDACHNER

1878 *Lanthanotus* STEINDACHNER, Denkschr. Akad. Wiss., math.-nat. Cl., Wien, **38**: 95. — Species typica (durch ursprüngliche Festlegung): *Lanthanotus borneensis* STEINDACHNER 1878.

Lanthanotus borneensis STEINDACHNER

1878 *Lanthanotus borneensis* STEINDACHNER, Denkschr. Akad. Wiss., math.-nat. Cl., Wien, **38**: 95, Taf. 2. — Terra typica: Sarawak, Borneo.

1954 *Lanthanotus borneensis* MC DOWELL & BOGERT, Bull. amer. Mus. nat. Hist., New York, **105**: 9; Taf. 1—4, Abb. 1, 2, 32—35.

Verbreitung: Sarawak, NW-Borneo.

Alphabetisches Register

Aus Gründen der Platzersparnis und Übersichtlichkeit wurden hier im Register die Namen der Untergattungen bei den verschiedenen Kombinationen der Bi- und Trinomina nicht berücksichtigt.

FSC
www.fsc.org
MIX
Papier | Fördert gute Waldnutzung
FSC® C083411

Kolibri 360 GmbH
Ferdinand-Jühlke-Straße 7
99095 Erfurt, Deutschland
produktsicherheit@kolibri360.de